卷卷爷爷的科考日志

去看看！我们的国家公园

·海南热带雨林国家公园·

上尚印象 / 著绘

U0258489

中信出版集团｜北京

图书在版编目（CIP）数据

去看看！我们的国家公园．海南热带雨林国家公园 /
上尚印象著绘 . -- 北京：中信出版社，2023.7
（卷卷爷爷的科考日志）
ISBN 978-7-5217-5593-0

Ⅰ . ①去… Ⅱ . ①上… Ⅲ . ①热带雨林－国家公园－
科学考察－海南－少儿读物 Ⅳ . ① S759.992-49

中国国家版本馆 CIP 数据核字（2023）第 062894 号

去看看！我们的国家公园　海南热带雨林国家公园
（卷卷爷爷的科考日志）

著　　绘：上尚印象
出版发行：中信出版集团股份有限公司
　　　　　（北京市朝阳区东三环北路27号嘉铭中心　邮编　100020）
承 印 者：北京联兴盛业印刷股份有限公司

开　　本：787mm×1092mm　1/12　　印　张：4　　字　数：75千字
版　　次：2023年7月第1版　　　　　　印　次：2023年7月第1次印刷
书　　号：ISBN 978-7-5217-5593-0
定　　价：24.00元

出　　品：中信儿童书店
图书策划：喜阅童书
策划编辑：朱启铭　由　蕾　史曼菲
责任编辑：陈晓丹
营销编辑：孙雨露　张　琛　李　彤
装帧设计：上尚印象　谢佳静

前言

2021 年 10 月，我国首批国家公园名单正式公布，国家公园这个概念开始走进大家的视野。简单地说，国家公园是我们国家最高级别的自然保护区，它能为生态旅游、科学研究和自然教育提供场所。

"幅员辽阔，地大物博"是对我们国家的形容，每个人都听说过，但在孩子的心中，对这样的形容很难有一个准确的概念。看过"卷卷爷爷的科考日志"系列绘本后，孩子会发现，我们的国家有多种类型的生态系统、壮丽的自然景观、丰富的动植物资源，那么"幅员辽阔，地大物博"在孩子心中自然能呈现出一幅生动立体的美丽画卷。

卷卷爷爷和卷卷是上尚印象团队的原创人物，卷卷爷爷是一位见多识广、和蔼可亲的老爷爷，卷卷是一个聪明调皮的小朋友。翻开这套书，就仿佛跟着卷卷爷爷的步伐一起去看世界，或是和卷卷一起聆听爷爷讲故事。

这是一套有趣的自然科普绘本，涵盖内容非常广泛。用童真可爱的画面、生动有趣的文字介绍了丰富多样的生态系统、珍稀的野生动植物、令人惊叹的自然景观、原始独特的民俗文化，其中还融入了趣味十足的自然科普知识，以及环境保护、人与自然的关系等很多值得思考的命题。

现如今，自然教育越来越被大家所重视，国家公园设立的目的之一也是提供自然教育的场所，让人们能够直接走进大自然，与大自然面对面地交流。上尚印象团队希望能以科普绘本为起点，让孩子自由快乐地拥抱自然。

童书能够帮助孩子认识世界，对孩子的成长有很重要的作用。热爱与真诚是上尚印象团队永恒的力量，我们愿意从孩子的角度出发，聆听孩子的需求和愿望，用心钻研每一个细节，为孩子呈现最有价值的童书。

宋超

- 目录 -

卷卷

卷卷是一名小学二年级的学生，因为有一头卷卷的头发，所以名字叫卷卷。卷卷热爱自然，喜欢提问，喜欢扮演小动物，喜欢听探险家爷爷讲曾经的探险经历，和爷爷共同整理科考手记。

卷卷爷爷

卷卷爷爷一直行走在科学考察的路上，一边考察，一边以手记的形式做记录。近年来，他开始整理科考手记，希望能够把科考时的所见所闻整理成"卷卷爷爷的科考日志"系列图书，让更多的人了解他曾去过的地方，呼吁人们保护自然、敬畏自然，对世界永远保持好奇心。

大耳怪

大耳怪是一只呆萌可爱的腊肠狗，喜欢和卷卷一起玩，也喜欢跳到爷爷身上。大耳怪是卷卷的好朋友，也是爷爷的小宝贝。当爷爷说起探险经历时，它会和卷卷一起静静地听。但事实上，没有人知道它到底能不能听懂这些话。

卷卷爷爷是一位生物学家、地质学家、探险家。他年轻时去过很多地方，并将自己的所见所闻以手记的形式进行了详细的记录。2021 年 10 月，我国第一批国家公园名单正式公布后，卷卷爷爷以五个国家公园为主题，开始整理自己的科考手记，最终形成了"卷卷爷爷的科考日志"系列图书。卷卷爷爷的目的是帮助更多的人了解我国的国家公园，期待公园内的动植物、自然景观、生态环境等都得到更好的保护和修复。卷卷看到爷爷的科考日志后，提出了很多疑问，于是爷爷开始讲述过去的经历。

卷卷爷爷的科考路线

海南热带雨林国家公园包括尖峰岭、霸王岭、鹦哥岭、五指山等七个片区，是一个充满神秘色彩的地方。珍稀濒危的动植物生活在茂密的热带雨林中，成为海南岛绿色生态的一张张名片。

状如矛尖的尖峰岭主峰是尖峰岭片区的代表，这里还生活着美丽的海南山鹧鸪和身披"铠甲"的中华穿山甲。

尖峰岭
第12~15页

霸王岭
第16~19页

霸王岭片区是海南热带雨林国家公园中面积最大的片区，"超级明星"海南长臂猿就生活在这里。

鹦哥岭主峰是海南第二高峰，鹦哥岭片区是名副其实的"生物天堂"，人们在这里发现过许多新物种。

鹦哥岭
第28~31页

在这里能见到许多在其他地区见不到的生物呢！

吊罗山
第20~23页

在吊罗山片区，大大小小的瀑布像星星一样散布在雨林中，壮丽的景观使这里拥有"百瀑吊罗"的美誉。

毛瑞片区拥有仙安石林景观，它是典型的热带喀斯特地貌，这里有很多奥秘等待人们探索。

毛 瑞
第36~39页

黎母山
第24~27页

黎母山是海南岛的中心，有"黎族圣地"之称，黎族文化就从这里开始。

五指山
第32~35页

五指山片区被誉为"海南岛之肺"，片区中的五指山是海南的象征。

热带雨林国家公园称得上是热带雨林资源"博物馆"。

海南热带雨林国家公园

海南热带雨林国家公园位于海南岛中部，总面积 4269 平方千米，范围涉及五指山、琼中、白沙、昌江、东方、保亭、陵水、乐东、万宁等 9 个市县，其森林覆盖率极高，是世界热带雨林的重要组成部分。

海南长臂猿的家园

海南热带雨林国家公园拥有多种多样的热带生物，是当之无愧的动植物资源宝库。海南长臂猿是全球最濒危的灵长类动物之一，目前仅存几十只，而海南热带雨林国家公园是它们唯一的家园。

海南岛的名片

五指山的外形十分独特，山体绵延起伏，形似五根手指。五指山主峰海拔 1867 米，是海南第一高峰。

五指山

棕榈

桫椤

海南热带雨林国家公园有好多珍贵的资源啊！

海南热带雨林是怎样形成的?

海南热带雨林属于热带海洋性季风气候区。因为日照时间长,太阳总辐射量大,所以温度较高。来自印度洋的西南季风和太平洋的东南季风又给这里带来了丰富的降水。在高温多雨的条件下,慢慢就形成了热带雨林。

原始完好的生态系统

海南热带雨林国家公园是岛屿型热带雨林的典型代表,拥有健康而原始的自然环境、数不清的珍稀动植物,是保存完好的热带雨林生态系统。

海南长臂猿

绿色的生态安全屏障

海南热带雨林国家公园拥有密集的森林资源和丰富的水资源,是海南岛生态最好的地方。茂密的热带雨林不仅能抵挡大风和洪水,还能涵养水源,是重要的生态安全屏障。

伯乐树

蛇雕

褐翅鸦鹃

水鹿

坡鹿

在我们国家,云南的热带雨林面积最大,约占全国热带雨林总面积的一半,海南热带雨林只能排在第二位啦。

热带雨林

热带雨林是一种森林类型，常常出现在雨量和热量都十分充沛的地区。这里有高高的常绿乔木，有站不直但会爬树的藤本植物，还有居住在其他植物身上的附生植物，它们都在这个乐园中生活。

红锯蛱蝶

毛丝鼠

霸王岭睑虎

> 地面上的植物不算多，没有想象中那样难以行走。

爷爷的科考日志

- 露生层
- 树冠层
- 林下层
- 落叶层

热带雨林垂直分层结构

典型的热带雨林一般垂直分为四层：露生层、树冠层、林下层、落叶层。每一层都有适应该区域的不同的植物，而一层层植物聚在一起，让阳光很难照到地面上。

热带雨林的特征

① 树木种类极其丰富

在热带雨林的同一片区域中，生长着很多种不同的树木。有趣的是，虽然这些树木的种类不同，但它们的外形十分相似。

② 植被垂直分层结构复杂

热带雨林是全球水热条件最优越的地方，很多物种都生存在这里，但过多的物种也让水热资源变得紧张。为了生存，这里的植物开始竞争，有的拼命长高，有的借助其他植物生长，最终形成了垂直方向上的复杂多层次结构。

鹦哥岭树蛙

热带雨林被称为"地球之肺"，众多雨林植物的光合作用，使它像一台巨大的空气净化机，一刻不停地净化着全球的空气。热带雨林还被称为"世界上最大的药房"，那里生长着许许多多珍贵的植物，很多现代药物都是由这些植物提炼而成的。

巨松鼠

❸ 藤本和附生植物繁盛

在热带雨林中，生长着很多藤本植物和附生植物。大型木质藤本植物从一棵树爬到另一棵树上，交错缠绕，形成了一张张又大又密的网；附生植物附着在其他植物上，仿佛给它们披上了一件件厚厚的绿衣。

❹ 动物多样，树栖动物占比高

热带雨林中的动物种类多样，至今仍然有许多动物没有被人们认识。在这些动物中，有很多都是树栖动物，如长臂猿、巨松鼠等，它们在树冠层生活，在树冠与地面间寻找食物。

拿昆虫举例吧！找到一百种昆虫比找到同一种类的一百只昆虫要容易得多。

爷爷，您说热带雨林的生物种类很丰富，到底有多丰富呢？

板状根

海南热带雨林
十大奇观

海南热带雨林是一片神奇的土地，在这里能看到各种热带雨林奇观。卷卷爷爷以拍照的形式，把这些有趣的景观都保存了下来，让我们一起来看看吧！

根抱石

板状根

大树为了吸收更多营养，也为了能在雨林里站稳脚跟，根部越长越大，最终成了扁扁的板状，变成了雨林里的"大脚怪"。

根抱石

有时，榕树的种子会被鸟兽带到岩石上，但种子在岩石上难以落脚，所以榕树只好依靠自己顽强的生命力，不断缠绕岩石向下生根，最终形成根抱石。

巨叶

新生红叶

绞杀植物

巨叶

你没有看错，这样巨大的叶子真的存在。当人们躲在叶子下避雨时，大大的叶子就变成了雨伞。

新生红叶

热带雨林里，很多树叶刚长出来的时候都是红色的，还无精打采地低着头。一段时间后，它们才会慢慢变成绿色。

绞杀植物

热带雨林里常见的绞杀植物是榕树，它们的气生根会织成网笼，缠在其他树上，争夺水分和养分，抢夺其他树的生存空间。

滴水叶尖

空中花园

藤本攀附

滴水叶尖

热带雨林常年湿润多雨，叶片上的水分很难通过蒸腾作用排出。为了排出水分，叶片就长出了尖尖的"小尾巴"。

空中花园

热带雨林里的植物对生存空间的竞争非常激烈，附生植物会借住在其他植物的茎干上。开花时，花朵争奇斗艳，形成了美丽的"空中花园"。

藤本攀附

藤本植物攀附在其他植物上，只吸收阳光，不吸收宿主的养分。藤蔓和大树交错缠绕，为热带雨林增添了神秘的色彩。

老茎生花

独木成林

老茎生花

高大的树木为了吸引昆虫等授粉者的注意，会把花朵开在矮处的树干上，使授粉者更容易接触，因此便有了"老茎生花"的现象。

独木成林

大大的榕树有繁茂的枝叶，枝条上生出许多气生根，这些根向下伸入土壤里又形成了新的树干。就这样，树生根，根连根，交织在一起，一棵树看起来和茂密的丛林一样。

峰尖陡险的尖峰岭

尖峰岭片区山海相连，从山上望去，近处是翠绿高耸的山岭，远处是一望无际的大海，奇妙而美丽。

尖峰岭主峰

瀑布云

云雾奇观

进入尖峰岭，就如同置身于雾海，山谷里、高峰上、森林密处，雾霭缥缈。当山风吹来，云随着风翻滚，很可能会出现瀑布云奇观。瀑布云呼啸而下，气势磅礴。

天池

天池

尖峰岭天池位于尖峰岭的高山盆地，水面宽阔，是海南热带雨林中少有的高山湖。天池四周群山环抱，云雾翻卷飘荡，是海南著名的避暑胜地。

黑鸢

尖峰岭的云海奇观真是太美啦！

蝴蝶的故乡

尖峰岭片区内的雨林沟谷中聚集着成千上万只蝴蝶，这里的蝴蝶种类比有着"蝴蝶王国"之称的台湾岛还要多，因此尖峰岭被誉为"蝴蝶的故乡"。

尖峰岭主峰

尖峰岭主峰海拔 1412 米，是片区内的最高峰，因为形状像尖锐的矛尖，所以此山得名"尖峰岭"。尖峰岭主峰是海南著名的日出观赏点，修有登山道和观景平台。

爷爷的科考日志

瀑布云

当云随着风飘到了山峰、悬崖等有海拔落差的地方时，因为重力的作用会向下跌落，看起来就像流淌的瀑布，十分壮观。人们因此形象地将其称作"瀑布云"，也叫"云瀑"。

许多游客会专程在凌晨五点登上尖峰岭顶峰的观景平台，等待大概一个小时，就能看到初升的太阳从群山和云海中慢慢升起的美丽景色啦。

尖峰岭的生物乐园

尖峰岭片区有中国现存面积最大、保存最好的热带原始雨林，是我国物种多样性最丰富的地区之一。在这里，有很多国家级重点保护动植物，原始的热带雨林景观随处可见。

爷爷的科考日志

体长42～55厘米

中华穿山甲

中华穿山甲是名副其实的打洞高手，只需要几分钟就能打出一个一米多深的洞。中华穿山甲还是森林卫士，每年能吃掉很多白蚁。只要有它们在，白蚁想要伤害森林可就难了。

海南山鹧鸪

体长23～30厘米

长着美丽羽毛的海南山鹧鸪是热带雨林中的"金嗓子"。它们的叫声非常响亮，在几千米之外都能听见。

油丹

小灵猫

中华穿山甲的鳞片真是坚硬！如果中华穿山甲把自己缩成一团，连豹子都拿它没办法！

中华穿山甲

种类繁多的植物

尖峰岭有很丰富的植被类型，古老的桫椤、坚硬的坡垒和名贵的油丹等珍稀植物都生长在这里。

海南山鹧鸪

坡垒

大灵猫

桫椤

种类丰富的动物

尖峰岭的动物种类也很丰富，即使是在海南岛难得一见的中华穿山甲，在尖峰岭也能找到。

塔尾树鹊

爷爷的科考日志

翅展 11 厘米以上

金斑喙凤蝶

美丽的金斑喙凤蝶姿态高贵优雅，是中国蝶类中唯一的国家一级保护动物，被称为"蝶中皇后"。

桫椤

桫椤是现存最古老的蕨类植物之一，非常珍贵，是国家二级保护植物，有"蕨类植物之王"的美誉。桫椤也被称为"树蕨"，大约 6 米高，是其他蕨类植物眼中的参天大树。

金斑喙凤蝶

桫椤可是和恐龙同时代的植物，但是恐龙已经灭绝了，与其同时代的古老的蕨类也几乎都灭绝了，只有桫椤生命力顽强，见证了地球历史的变迁，所以人们称它为"活化石"。

为什么大家都说桫椤是"活化石"呢？

山高林密的霸王岭

霸王岭片区是海南热带雨林国家公园七大片区中面积最大的。这里的生态旅游资源非常丰富，能看到多种不一样的热带自然景观。

中国第一黎乡——王下乡

霸王岭片区的王下乡是黎族人民聚居的小镇，有"中国第一黎乡"的美誉。在这里可以品尝到黎族的特色美食，感受独特的黎族风情。

丰富的生态旅游资源

在霸王岭的原始森林里可以看到古老的树木，听到各种动物的声音；在王下乡可以游览清凉宽阔的皇帝洞和美丽的十里画廊，观赏难得一见的喀斯特风光；在东河镇的俄贤岭可以登上熔岩石山，看一看神奇的溶洞；在七叉镇可以看木棉花竞相开放，享受不一样的田园风光。

霸王岭的生态旅游资源非常丰富，这里以前就是 AAA 级旅游景区。

皇帝洞 > 皇帝洞是新石器时代遗址，在这里曾经发现过石斧、瓮、罐等物品。皇帝洞内非常宽敞，能容纳上万人，还有千姿百态的钟乳石。

十里画廊 > 十里画廊是独特的喀斯特地貌景观，茂密的雨林、幽深的峡谷和巨大的岩壁共同组成了绵延十里的秀丽景色。

七叉镇 > 昌江是著名的"木棉之乡"，昌江七叉镇是最佳的木棉观赏区之一，一树树火红的木棉花漫山遍野，让人流连忘返。

俄贤岭 > 俄贤岭山体由石灰岩构成，由于常年被流水侵蚀，十分陡峭，是海南石灰岩分布面积最大的地区。

俄娘洞 > 俄娘洞是一个美丽的溶洞，洞内小路蜿蜒曲折，让人仿佛置身于奇妙的迷宫。

霸王岭的雨林精灵

霸王岭拥有丰富的热带生物资源，珍贵稀有的海南长臂猿、灵动活泼的坡鹿、明艳美丽的毛萼紫薇……它们的存在使霸王岭变得更加生动而鲜活，也使其拥有了"绿色宝库""物种基因库"等众多美誉。

体长约 180 厘米

坡鹿

雄性坡鹿的鹿角形状很特别，像大大的字母"C"。坡鹿善于奔跑和跳跃，能飞越两米多高的灌丛和数米宽的河沟，所以坡鹿有"飞鹿"的美名。

体长 40 ～ 50 厘米

海南长臂猿

海南长臂猿的外形像猴，但它们没有尾巴，是海南岛真正的原住"居民"。它们从不"赖床"，每天清晨就开始鸣叫。海南长臂猿是世界上最濒危的灵长类动物之一，比"国宝"大熊猫还要珍稀。

全长约 18 厘米

霸王岭睑虎

霸王岭睑虎是夜行性动物，白天躲藏于岩石缝隙里、溶洞中，直至夜幕降临才外出活动。霸王岭睑虎长得非常可爱，体色十分艳丽。它们不具有攻击性，以白蚁为食，是珍贵而有益的爬行动物。

陆均松

陆均松是海南岛的重要树种。霸王岭生长着一棵有 2600 多年树龄的陆均松，树高 30 多米，要七八个人合抱才能抱住。2017 年，这棵树入选中国林学会评选的"中国最美古树"。

体长 50～67 厘米

海南孔雀雉

　　神秘的海南孔雀雉有着"两副面孔"，张开尾羽时像美丽的孔雀，收起尾羽时又像普通的野鸡。它们很少高飞，即使是遇到天敌追捕，也不会飞到树上躲避，而是会快速地逃进茂密的树林里。

海南油杉

　　海南油杉高大挺拔，十分喜欢阳光，是油杉属分布最靠近南部的种类，也是海南特有的珍稀树种。海南油杉的分布区非常狭窄，数量也不多，需要人类保护。

大盘尾

　　大盘尾善于飞行，拖着像小叉子一样长长的尾巴，姿态十分优雅。它通体黑色，美丽高贵，被当地人称为"黑色的凤凰"。大盘尾也是鸟类里的安全卫士，会保护跟随它的小鸟。

全长约 66 厘米（含尾）

毛萼紫薇

　　毛萼紫薇姿态高贵、花色明艳。每逢盛花期，淡红色、紫色、白色的花朵开满枝头，在阳光的照耀下光彩夺目。当微风吹过，美丽的花瓣随风飘落，浪漫而富有诗意。毛萼紫薇并不是虚有其表，它的树干光滑，可以制作成非常实用的家具。

所以有这样一种说法：霸王岭归来不看树。

霸王岭的树高高大大的，有那么多种类，每一种还都很特别呢！

19

"百瀑雨林"吊罗山

吊罗山片区拥有各种各样的天然旅游景观，宁静的湖泊、壮美的瀑布、美丽的花朵……它们共同向人们展现着大自然的魅力。吊罗山气候宜人，是理想的避暑胜地。

枫果山瀑布群

枫果山瀑布群被称为"海南第一瀑"，是白水河流经枫果山时形成的。瀑布周围是茂密的热带沟谷雨林。瀑布群中较大的瀑布有三幅，每一幅都有自己的特色。在这里常能见到彩虹穿瀑的奇观，即"彩虹瀑"。

天然优越的水资源

在吊罗山片区，涓涓流动的清泉、溪流及其两旁的树木共同构成了美丽的热带沟谷雨林景观。清澈的流水随处可见，河流与湖泊交织在一起，使人仿佛置身于清丽透亮的"水世界"。

枫果山瀑布群

丽拟丝螅

大里瀑布

远远望去，大里瀑布很像美丽而飘逸的仙女，因此当地苗族同胞称它为"托南日"，即"仙女"的意思。所以大里瀑布也叫"托南日瀑布"。

姐妹瀑布

姐妹瀑布位于大里瀑布下游，虽然落差并不大，气势不如大里瀑布，但它四周风景非常优美，溪谷风光清雅秀丽，深深的潭水清澈见底，很受当地人喜爱。

小妹湖

小妹湖是陵水黎族自治县域内最大的人工湖，岸线迂回曲折，四周青山环绕，湖水碧绿幽深，湖面倒映着树木和灌木丛，沿着山路就能够看遍湖光山色。

大里瀑布

姐妹瀑布

小妹湖

这里降水量充沛，且地形起伏，落差较大，所以形成了瀑布景观。人们都说"吊罗归来不看水"。

这里的瀑布好多啊！为什么会有这么多瀑布呢？

21

吊罗山的动植物王国

吊罗山片区海拔较低，是海南唯一保存有大面积低地雨林的区域。片区内的一些植物和动物在海南非常具有典型性，是珍贵的"明星物种"。

体长 70 ～ 110 厘米

体长约 50 厘米

云豹

云豹的身上披着美丽的云块状斑纹，这些深色的斑纹正是它们天然的伪装。当云豹安静地伏在树枝上时，无论是树下经过的小动物，还是空中飞过的鸟儿，都很难发现它。

海南脆蛇蜥

海南脆蛇蜥是吊罗山的"明星"。海南脆蛇蜥看起来像蛇一样又细又长，但它并不是蛇，而是蜥蜴，只是它的四肢已经退化。

海南苏铁

苏铁又称"铁树"，是地球上现存最古老的种子植物，被称为"植物界的大熊猫"。人们常用"铁树开花"来形容很难实现的事情，但在海南，成年的苏铁开花却十分普遍。

亚洲小爪水獭

海南脆蛇蜥

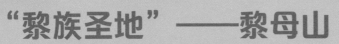

"黎族圣地"——黎母山

　　黎母山有"黎族圣地"之称，是黎族人民心中的始祖山。黎族文化就是从这里开始的，经过很多年的发展，渐渐形成了独特的黎母山文化体系。这里作为黎族、苗族人民的聚居区，充满了黎苗风情，还流传着许许多多动人的神话传说。

安静度假的好地方

　　黎母山片区山高林密，风光秀美，气候宜人。近年来，黎母山的建设越来越好，吸引越来越多的人来到黎母山旅游度假、研学，开展自然教育活动。

土沉香

粉蝶

白鹇（雄性）

白鹇（雌性）

在大自然的怀抱中呼吸着清新的空气，感觉整个人都放松下来了。

海岛之心

黎母山片区处于海南岛的中部，交通出行十分便捷，是名副其实的"海岛之心"。

灵动的自然风光

黎母山的自然风光美不胜收，不管是远远望去，还是在近处观看，都给人一种灵秀的美。高高耸立的山峰，清澈静谧的湖潭，姿态优美的土沉香，相互注视着，美得沉静；鸟儿鸣叫，蝴蝶飞舞，好像共同表演着优雅的歌舞剧，美得灵动。这片神奇的土地十分令人向往！

咦？黎母山也是"三江之源"吗？

对呀！这里的三条江河分别是南渡江、万泉河和昌化江。

爷爷的科考日志

土沉香

土沉香木材微白，树皮纤维可造纸。这种树能分泌"沉香"（树脂），用作香料原料或入药。黎母山的沉香品质极佳，有"沉香之冠"的美誉。

黎母山的野生动植物家园

巨松鼠

黎母山四季如春、水源充沛、森林繁茂，天然优良的条件给予了野生动植物温和惬意的生存环境。黎母山是野生动植物的幸福家园，也是人们旅游和探险的好去处。

你知道吗？黎母山是海南岛绵延最长的一组山地。

爷爷的科考日志

体长140~200厘米

水鹿

水鹿是热带、亚热带地区体形最大的鹿类。水鹿常常在水边活动，如果你在野外看到了它，那么附近就能发现水源。杂草和树叶都是水鹿"餐桌"上的食物，植物的嫩芽和果实更是它们眼中的美食。

三线闭壳龟

爷爷的科考日志

体长 35～40 厘米

巨松鼠

　　巨松鼠长着一双圆圆的大眼睛，十分讨人喜欢，它们吃、住、玩基本都在树上，是非常典型的树栖动物。巨松鼠是松鼠界的大个子，比寻常的松鼠要大两倍左右，能跃过相隔两米的树枝。

银胸丝冠鸟

这里真是凉快！就像走进了温度适宜的空调房。

自由生长的动植物

　　在黎母山片区不仅能看到巨松鼠在树上寻觅果实，还能看到水鹿站在树下品尝美味佳肴，数不胜数的动植物无忧无虑地生活在这个家园。

奇险峻美的鹦哥岭

鹦哥岭片区是华南地区连片面积最大的热带雨林，这里有着种类多样的珍稀生物。这片雨林没有经过大规模的人为改造，自然环境保持着本真面貌。

蛇雕

鹦哥岭被视为"海南林鸟多样性"代表地，鸟儿不仅种类繁多，而且数量庞大，观测记录到的鸟类超过海南森林鸟类总数的 90%。

鹦哥岭主峰

鹦哥岭主峰是海南第二高峰，海拔 1811 米。鹦哥岭景色变幻无穷，一年四季给人以不一样的感受。

鹦哥岭的传说

传说曾经有无数只绯胸鹦鹉生活在这片区域，于是人们便称这里为鹦哥岭。美国传教士来海南岛考察时经过这里，也看到了无数只飞舞的绯胸鹦鹉，壮观的场面令人赞叹。

丰富的自然景观

鹦哥岭片区遍布曲折的山路、茂密的森林和清澈的溪流，还有成群结队的鸟儿、欢快游动的鱼儿，它们共同谱写着属于鹦哥岭的美妙乐章。

爷爷的科考日志

体长 26 ~ 36 厘米

绯胸鹦鹉

绯胸鹦鹉是海南岛唯一的野生热带鹦鹉，色彩非常艳丽，长长的尾羽和葡萄红色的胸部是它独特的标志。绯胸鹦鹉喜欢扎堆活动，在野外通常数十只聚在一起，哪怕是觅食也要一哄而上，在树上啄食浆果、幼芽等。

鹦哥岭不仅气候温暖，而且食物丰富，鸟儿们都愿意留在这里！

鹦哥岭雄伟绮丽的景观

鹦哥岭拥有许多壮美的景观，红坎瀑布和红坎水库在四周高山的环绕下，静静地感受着岁月的变迁，目睹着这一地区的变化。

红坎瀑布

红坎瀑布

红坎瀑布发源于红坎岭。每当雨季时，瀑布打在岩石上，声音像雷鸣一样震耳欲聋，在鹦哥岭的群山中回响，像在演奏一场气势磅礴的交响乐。

红坎水库

红坎水库也叫"红坎天湖"，清澈的水面映照着鹦哥岭的一草一木。另一边的大坝为匆匆而过的流水按下了暂停键，将溪水留在了山间，和红坎水库一起守卫鹦哥岭。

爷爷的科考日志

水库

水库是人们建造的一种水利工程，是一种人工湖泊，有很强的功能性，不仅可以拦截洪水、调节水流大小，还可以储备水资源。人们常用水库里的水来发电、养鱼和灌溉田地。

红坎水库

青年团队的故事

在鹦哥岭，有一支年轻、充满活力的青年团队，他们离开家乡来到这片远离城市的茂密热带雨林，用青春守护着鹦哥岭的绿水青山。

鹦哥岭有那么多漂亮可爱的动植物，有人保护它们吗？

当然啦！还有一支特别的队伍，我给你讲讲吧！

2007 年，第一批大学生从全国各地来到海南的鹦哥岭。

终于来到鹦哥岭啦，我一定会用心守护这片土地的！

虽然工作中遇到了很多困难，但他们依然坚守在山林中。

今天的任务已经完成一大半啦！

呼！上午看到一条毒蛇，真是吓到我了！

大哥，不能打猎！我们要保护野生动物！

我们靠山吃山，凭什么不能打猎？

圆鼻巨蜥

青年团队多次发现了新的珍稀物种，还获得了多项荣誉。

青年团队的精神吸引了越来越多的年轻人加入保护雨林的队伍。

你好呀！我是新来的志愿者！

我来接你啦！欢迎你加入鹦哥岭青年团队！

天然清新的五指山

五指山片区被誉为"海南岛之肺"，片区内的热带雨林保存完好，负氧离子含量很高，是极佳的"天然大氧吧"。五指山片区既有高山，又有流水，漫步于山间还能看到如丝绸一般飘洒而下的瀑布，令人流连忘返。

河流的源头

五指山是昌化江和万泉河的发源地，奔腾在雨林中的河流滋养着千千万万的生灵。

"一日四季"的独特气候

五指山气候独特，山中清晨凉爽，中午炎热，傍晚温暖，夜晚寒冷，所以有"一日四季"的说法。

五指山

"海南之巅"——五指山

五指山山体绵延起伏，形似五根手指，所以得名"五指山"。五指山主峰海拔 1867 米，是海南最高峰。五指山有"海南屋脊"之称，是海南的象征，也是海南的名片。

中国的"亚马孙河"——万泉河

万泉河是海南第三大河，是海南人心中的母亲河。万泉河是典型的热带河流，没有受到过污染，生态健康、环境优美，被称为中国的"亚马孙河"。

万泉河

漂流真有趣！有时惊险，有时平静，还能欣赏沿途的热带雨林风光。

白鹭

幽深惊险的五指山大峡谷

五指山大峡谷位于海南五指山热带雨林景区。大峡谷形成已经有数千万年，四周青山环绕，幽静而深邃。这里的漂流被称为"华夏第一漂"，峡谷中水流时而平缓，时而湍急，游人能够获得十分惊险刺激的体验。

爷爷的科考日志

水满茶

水满茶是海南名茶之一，产自五指山市水满乡，在海南非常具有代表性。水满茶用五指山野生大叶茶，按传统的手工工艺制作而成。茶汤色明亮、香气持久，每到茶叶加工时节满山飘香，所以又叫"水满香"。

五指山大峡谷

是五指山的水满茶，有水满绿茶和水满红茶两种。我现在喝的是水满绿茶，你可以尝一尝，但对于小朋友来说，这种茶的味道很苦呢。

您喝的是什么茶啊？我也想尝尝。

海南鸦

33

五指山的生态天堂

五指山片区气候温暖湿润，生物种类丰富，是当之无愧的生态天堂。在这里，你可以享受森林氧吧，欣赏雨林植物，观看鸟儿飞行，聆听阵阵蛙声，细数潭中小鱼，尽情感受五指山的美丽风貌。

体长约 5 厘米

脆皮大头蛙

脆皮大头蛙是超级机灵的"瓷娃娃"，它们行动敏捷，受到一点儿惊扰就会迅速钻进石头间。当被捕捉到时，稍不注意就会导致它们薄而脆的皮肤破裂，这也是它们名字的由来。

体长约 2 厘米

鳞皮厚蹼蟾

小小的鳞皮厚蹼蟾是中国的特有物种，常常生活在小溪两侧的落叶间或石块上。它们的身上长满了像鳞片一样的小疙瘩，看起来有点儿可怕。

海南鸦

海南鸦非常罕见，被称为"世界上最神秘的鸟"。它们白天一般隐藏在茂密的树林中，夜晚才出来活动。海南鸦不喜欢鸣叫，常常悄无声息地飞来飞去，因此很难被发现。

体长 54～56 厘米

美花兰

为了在竞争激烈的热带雨林中生存，兰科植物都学会了十八般武艺，美花兰也不例外。在它们清丽优雅的外表下却有着坚韧的品格，它们能生长在石头多多的草丛中，也能够在悬崖上绽放。

枫香

　　枫香树形美观，高大挺拔。每到深秋时节，枫香叶会逐渐由绿色变成金黄再到艳红。当风吹过时，掉落的枫香叶随风四处飘散，好像一只只彩蝶翩翩起舞，灵动而美丽。

桃花水母

　　桃花水母通常生活在淡水中，且对水质要求很高。五指山片区并不是桃花水母的常规分布区，但它们却在这里被发现，成为五指山生态环境良好的有力证据。

华南五针松

　　华南五针松姿态挺拔，深得人们喜爱，是五指山登山栈道上大名鼎鼎的"迎客松"。华南五针松是中国特有的松科植物，但在海南分布区域狭窄，数量稀少，需要大家一起来保护。

叶

果

蝴蝶树

　　蝴蝶树是海南雨林的标志树种，生长条件严格。幼龄的蝴蝶树生长速度缓慢，耐阴。但随着树龄的增长，蝴蝶树越来越喜光，到了一定树龄，需要直射光才能生长。

林木茂盛的毛瑞

毛瑞片区是海南热带雨林国家公园中最小的片区，虽然面积不算大，但是自然资源十分丰富。来到这里，你一定能获得惊喜有趣的体验。

生机盎然的林场

毛瑞片区主要由毛瑞林场和卡法林场组成。人们为了保护自然资源，停止了乱砍滥伐，开始栽种树木，林场周边的生态环境渐渐恢复，树木茂盛，绿草如茵。

三宝鸟

神奇的红水河

毛瑞片区水域面积广阔，分布着许多河流，其中有一条红水河。河水看起来是红色的，却不是因为受到污染，河里有各种水草和鱼虾。至于这里的河水为什么是红色的，说法不一，给红水河增添了一丝神秘。

爷爷的科考日志

体长 26 ~ 29 厘米

三宝鸟

三宝鸟身穿蓝、绿色外衣，翅膀上长着淡蓝色斑纹，飞翔时十分美丽。三宝鸟一般自己不打洞，而是喜欢居住在天然树洞或啄木鸟等留下的树洞里。

红毛丹是热带水果，毛瑞片区的保亭是我国极少数适宜红毛丹生长的地方之一。

红毛丹和荔枝的味道很像呀！

神奇的仙安石林

仙安石林是毛瑞片区最具特色的景观资源，位于海拔 700 余米的仙安岭上，是典型的热带喀斯特地貌。这是一片由奇形怪状的石头形成的石林，奇石千姿百态，令人叫绝。仙安岭下有许多溶洞，洞内的钟乳石造型各异，让人不禁感叹大自然的神奇。仙安石林四周生长着许多古树，放眼望去满目绿色，为石林增添了一抹亮丽的色彩。

毛瑞片区的神奇生物

通过森林资源的恢复，毛瑞片区内的其他生物资源也得到了保护和发展，让我们一起看看这些神奇的生物吧！

海南间脚蜈蚣

海南间脚蜈蚣又叫"斑足蜈蚣"，因为它脚上的花纹很像是斑马身上的花纹。海南间脚蜈蚣有着美丽的外表，号称国产最美丽蜈蚣。

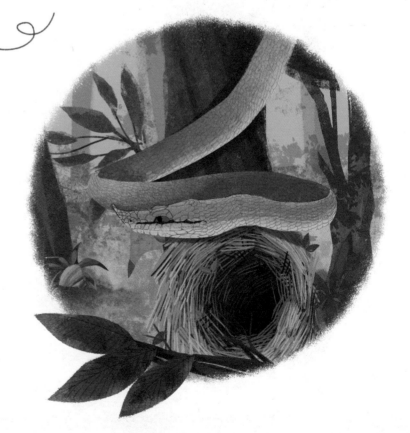

> 这个小家伙外形独特，看起来有点儿危险呢，我就只看看它的"美貌"吧！

> 胭脂的枝条被人折断了！咦？断掉的地方流出了红色的汁液，好像在流血。

胭脂

胭脂生长在热带雨林边缘，是一种古老的食用色素植物，也是有名的染料植物。胭脂红色的果瓤是天然的染料，能给糖果或纺织品染色。

尖喙蛇

尖喙蛇又叫"犀牛鼠蛇"，吻端有一个上翘的尖，看起来像犀牛的角。尖喙蛇喜欢在树上活动，蜥蜴、昆虫、小型鸟类等对它来说都是美味佳肴。尖喙蛇能改变身体颜色，新生的小蛇通常是青灰色的，随着年龄的增长会逐渐变为绿色。

走近雨林居民的生活

在海南热带雨林国家公园中，居住着以黎族、苗族为代表的民族。他们依靠雨林丰富的资源生活，创造了独具特色的民族文化。

树皮布

黎族先民曾剥下构树、见血封喉等树的树皮，经过复杂的工艺制成树皮布，然后用树皮布缝制衣服和帽子等。不过，这种布现在已远离黎族人民的生活。

黎锦

黎锦是黎族传承的纺织技艺，有纺、织、染、绣四大工艺，至今已有几千年的历史。黎族人民通过黎锦记录了许许多多本民族历史文化和人物传奇故事，黎锦的花纹图案称得上是一部独特的史书。

印染

很多年前，黎族人民都是自己织布、染色。他们利用植物做染料，经过复杂的步骤，纯白的布料就会染成各种颜色。

三色饭

顾名思义，三色饭就是三种颜色的饭。人们分别将观音草、黄姜和枫香叶榨出汁，把山兰糯米浸泡其中，米就被染成了红、黄、黑三种颜色，再放蒸笼上蒸熟，热腾腾的三色饭就做好了。

竹筒饭

竹筒饭在黎族人民心中的地位很高，是几乎人人都爱的美食。人们将糯米和水装进竹筒，再将竹筒架在火上烤，烤好后米香混着竹香，让人垂涎欲滴。

船形屋

船形屋因为外形像船而得名，是黎族和苗族传统的住宅。船形屋不仅可以遮挡阳光，还可以防潮湿，是和热带雨林环境非常适配的特色小屋。

山兰酒

山兰糯米不仅能做成香喷喷的三色饭和竹筒饭，还能用来酿制山兰酒。山兰酒度数不高，味道甘甜，热情的黎族人民常常用它招待客人。

打柴舞

打柴舞在黎家是很受欢迎的舞蹈，有吉祥的寓意。打柴舞的场面十分热闹，参与舞蹈的人们欢快而灵巧地跳动，周围的观众兴奋地欢呼，气氛热烈。

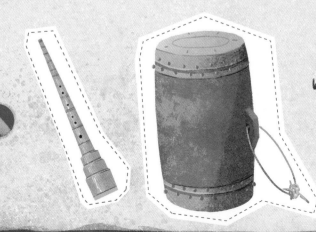

黎族竹木乐器

黎族竹木乐器有着悠久的历史，能够展现黎族人民独特的风采。演奏常用的乐器主要有独木鼓、口拜、口弓、鼻箫等。

来到热带雨林要注意

海南热带雨林国家公园是一个充满吸引力的地方，但是多变的天气、强烈的阳光等都可能给人们造成危害。当然，人们的不当行为也可能会伤害雨林。所以，想要探寻雨林的奥秘，就一定要做好充足的准备。

衣着选择要仔细

户外活动非常有趣，但户外也是最容易发生意外的地方。从衣着的选择开始，我们就要打造一个"保护罩"，为自己的安全负责。

1 在户外时，要选择透气的上衣和长裤，并把裤脚收紧，防止昆虫钻入。

2 衣服的颜色应与自然环境相协调，避免过于鲜艳而惊扰野生动物。

3 在户外应戴遮阳帽，不但可以防晒，还可以防止头部剐蹭树枝、飞落昆虫等。

4 应选择运动鞋和长筒袜，必要的时候要穿登山鞋。

5  热带雨林降水较多，天气多变，应随身携带雨具，雨天出行要穿雨靴。

旅行准备要全面

1 海南岛天气炎热，应准备并携带充足的饮用水，及时为身体补充水分。

2 要准备一些便于携带的食物，如巧克力、饼干等，及时补充能量。

3 户外有些区域手机信号微弱，因此应准备对讲机。

4 应准备急救包和一些常用药，以备不时之需。

5 还可以准备望远镜、相机等，用来观察和记录。

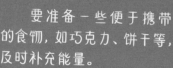

在任何旅行或探险之前，都要为这一次的出行做好充足准备。这些装备可以让安全感稳稳地包围着你，提高旅行的舒适度。

雨林环境要爱护

热带雨林是一种复杂而重要的森林生态系统，有独特的景观和丰富的物种。但有时，人们的不当行为也可能会使雨林受到伤害。为了保护雨林和雨林中的生物，我们应该从自己做起，从小事做起，共同守护这片土地。

景区游览路线到此终止

1 国家公园核心保护区是禁止进入的，要注意标识。

2 不要带火种进入国家公园，禁止在野外用火，如吸烟、烧烤等。

3 要爱护环境，注意园区卫生，禁止乱扔垃圾，不可以带宠物进入国家公园。

4 要爱护动植物，禁止采摘花朵、刻划树木、捕捉昆虫、伤害其他动物等行为。

5 不可以随意放生，这可能会对他人或生态系统造成危害。

6 禁止在园区内大声喧哗，大音量会惊扰动物，所以要尽量保持安静。

如果遇到暴雨、台风、雷暴等恶劣天气，要注意防雨、防风、避雷。

危险因素要预防

1 经过狭窄、不好走的道路时，不要拥挤、打闹，要小心慢行。

2

3 禁止跨越护栏，禁止攀爬危险的山崖，绝对不可以私自进入水中游泳。

4 遇到有危险性的野生动物时，不要惊慌大叫，要保持安静并及时回避。

5 禁止采摘、食用任何植物和菌类，避免食物中毒。

野外环境或多或少会有一些潜在的危险，我们应防患于未然，对可能遇到的危险情况进行预防。万一遇到危险要保持镇定，思考应对方法。

「ABOUT」关于上尚印象

上尚印象是一个年轻的、充满活力的图书出版品牌。

品牌用专业的能力赋予童书更新颖的现代设计语言和图像风格。产品的阅读人群不仅是儿童，也包括对精品图书着迷的成年人。将知识类童书打造成值得收藏的全年龄段读本，努力开创"没有界限的阅读模式"是我们对产品的无限追求。

上尚印象主创团队从事艺术设计与少儿图书研发二十多年，对儿童出版物具有强烈的敏锐度，主持创作出版的童书达数百种。公司核心团队成员数十人，同时签约多名国内外知名插画家，真正实现了创作自主化模式。团队不仅追求美学与形式化的创新，更加重视选题内容及读者感受。主创成员均来自不同领域，选题研发初期，我们以"小选题"为基础，在各自领域内进行头脑风暴，然后编辑汇总，从而达到"大百科"的知识输出，力争为不同年龄的读者打造出值得收藏的"一本好书"。

「特别感谢」"卷卷爷爷的科考日志"研发组成员

张喆、姜林青、崔佳杰、张博洋、董志刚

「特别介绍」儿童插画师 / 张喆

张喆，儿童插画师，上尚印象签约画手。从事青少年儿童绘画创作十余年，以清新的颜色、细腻的笔触和温暖治愈的绘画风格为读者创造出一个个充满童趣的浪漫世界和一个个鲜活生动的人物形象，为读者带来快乐。目前已出版多部绘画作品，广受欢迎，深受好评。